DE LA SUISSE
À LA LUNE

Lukas Viglietti, Myriam Détruy

DE LA SUISSE À LA LUNE

Du Velcro à Omega, 50 ans d'innovation suisse au service de la conquête spatiale

EPFL PRESS

L'éditeur et les auteurs remercient chaleureusement la Division des Affaires spatiales du Secrétariat d'État à la formation, à la recherche et à l'innovation SEFRI pour son soutien.

La maison d'édition PPUR bénéficie d'un soutien structurel de l'Office Fédéral de la culture pour les années 2016-2020.

Maquette et mise en page : Kim Nanette
Photographie de couverture : © Martin Adams, unsplash.com

EPFL PRESS est un label des Presses polytechniques et universitaires romandes (PPUR), qui publient principalement les travaux d'enseignement et de recherche de l'École polytechnique fédérale de Lausanne (EPFL), des universités et des hautes écoles francophones.
PPUR, EPFL-Rolex Learning Center, CP 119, CH-1015 Lausanne, ppur@epfl.ch, tél. : +41 21 693 21 30 ; fax : +41 21 693 40 27.

www.epflpress.org
www.ppur.org

ISBN 978-2-88915-316-9

Imprimé en Italie

Table des matières

Claude Nicollier, spationaute

Je me souviens encore des mots du Président Kennedy lors de son discours à l'université de Rice, en septembre 1962: « *We choose to go to the Moon in this decade and do the other things, not because they are easy, but because they are hard* ». Nous faisons le choix d'aller sur la Lune d'ici la fin de cette décennie, et de faire d'autres choses, non pas parce qu'elles sont faciles, mais parce qu'elles sont difficiles. Ce sont des mots magnifiques, l'étincelle qui a allumé l'extraordinaire programme Apollo. La volonté politique de battre les Soviétiques après le vol de Gagarine, en avril 1961, était bien sûr très forte, mais, en plus, le talent scientifique, technique et industriel des États-Unis était considérable. Il fallait lui donner cette étincelle, et c'est Kennedy qui l'a fait.

J'ai suivi attentivement les programmes Mercury et Gemini. Je vivais cette époque d'autant plus intensément que je faisais des études d'astrophysique à l'université de Genève, et étais aussi pilote dans les forces aériennes suisses après l'obtention de mon

brevet de pilote militaire en 1966. Comme je le voyais, l'aventure spatiale était réservée aux Américains et aux Soviétiques. Je n'imaginais pas que les Européens pussent bientôt y prendre part. Je voyais donc tout cela de l'extérieur. Le drame d'Apollo 1, avec ses trois victimes dans la capsule qui a brûlé au sol, m'a impressionné. Plus tard il y a eu Apollo 8, avec cette première mission autour de la Lune, sans s'y poser. De quoi rêver !

Dans la nuit du 20 au 21 juillet 1969, nous étions avec mes parents, mes frères et mes sœurs, devant la télévision en noir et blanc. La diffusion n'était pas de très bonne qualité. C'était presque incroyable. Que l'on ait pu être les témoins de ce qui se passait en temps réel était stupéfiant ! Plus tard, nous sommes sortis pour regarder la Lune. On la voyait différemment. Je ne l'ai d'ailleurs plus jamais regardée comme avant. L'homme y était allé. Alors qu'au tout début, lors du discours de Kennedy, cela paraissait impossible… Le programme Apollo venait de sceller cette extraordinaire capacité de l'être humain de parvenir à quelque chose lorsqu'il en a la volonté, même si c'est extrêmement difficile. Ce nouveau chapitre de l'histoire humaine a ouvert des possibilités presque illimitées.

J'ai continué de suivre les missions suivantes de près, à travers la télévision et la presse écrite. L'accident d'Apollo 13 a été très impressionnant. Avec la dernière mission Apollo 17, en 1972, l'aventure magnifique a pris fin. Une autre allait prendre la suite : celle de la navette spatiale. La NASA recherchait alors des partenaires qui pourraient participer au projet. Le Canada s'est présenté pour fournir un bras robotique, et les Européens ont proposé le laboratoire Spacelab, destiné à des expériences scientifiques dans le milieu spatial. Ils n'ont par contre jamais voulu développer un programme autonome de vols spatiaux habités. Aussi quand les Américains ont invité leurs partenaires à fournir des astronautes, je me suis naturellement porté candidat. J'ai été sélectionné en 1978 avec l'Allemand Ulf Merbold et le Hollandais Wubbo Ockels.

J'ai commencé mon entraînement sur la navette au Johnson Space Center à Houston, au Texas, en 1980. J'ai connu Neil Armstrong et Buzz Aldrin qui venaient parfois nous rendre visite. Alan Bean, d'Apollo 12, était notre chef de classe, c'est-à-dire qu'il supervisait tout ce que nous faisions. J'ai également bien connu Charlie Duke, d'Apollo 16. Celui

qui m'a le plus impressionné est sans aucun doute son partenaire sur cette mission, John Young. Sa personnalité, son talent et surtout son courage relevaient de l'exception. C'était un peu un cowboy avec un immense talent, qui ne parlait pas beaucoup, mais dont émanait une grande force de caractère. Or il en fallait pour accomplir ce qu'il a fait : deux vols Gemini, commandant d'Apollo 16, et surtout, commandant lors du premier vol de la navette en 1981. Partir à bord de cet engin nouveau, qui n'avait jamais été testé auparavant, avec tous les dangers que cela entraînait, demandait un immense courage.

Il a été l'un de mes modèles pendant ma carrière d'astronaute. Comme lui, j'ai eu le privilège d'accomplir des missions dans ce vaisseau spatial ailé très complexe qui sortait de l'atmosphère terrestre pour des missions plutôt courtes, typiquement 10 à 12 jours, mais toujours avec une tâche opérationnelle difficile. Comparées à la grande aventure d'Apollo, les missions de la navette spatiale ne dépassaient pas l'environnement terrestre, mais elles demandaient une rigueur tout aussi grande. Deux de mes quatre vols ont eu pour objectif la réparation du télescope spatial Hubble qui souffrait de problèmes majeurs au départ.

Il fallait tout d'abord effectuer le rendez-vous avec l'observatoire orbital, ce qui n'avait rien d'évident. S'ensuivaient l'activation du bras robotique installé dans la soute pour saisir Hubble, et les sorties extravéhiculaires afin de procéder aux travaux de réparation.

Grâce à ces interventions, le télescope nous a fourni et nous fournit encore des images très détaillées d'objets célestes qui nous aident à comprendre les processus physiques dans l'univers. Nos missions, à la différence d'Apollo qui avait une très forte composante politique, étaient effectuées dans un esprit d'exploration et de recherche scientifique. Il est clair cependant que l'exploration spatiale a largement bénéficié du programme lunaire.

Certaines contributions suisses apportées lors de ce programme étaient de haut niveau, par exemple le collecteur de vent solaire, mis au point par l'université de Berne. L'expérience était simple, encore fallait-il y penser ! Plusieurs inventions sont toujours utilisées actuellement. Les bandes Velcro, par exemple, sont indispensables lorsqu'on se trouve en apesanteur. On ne peut rien poser sur une table, ni sur une chaise. On ne peut même pas poser sa tête sur l'oreiller lorsqu'on dort.

Alors toutes les choses que l'on veut ranger et retrouver par la suite sont maintenues en place par du Velcro. Même la tête est maintenue sur l'oreiller par une bande de Velcro!

Le couteau suisse, quant à lui, n'est pas spécialement nécessaire pour les tâches à accomplir à l'extérieur de la cabine, d'autant que nous disposons d'outils performants et adaptés à cet environnement et à leur usage par le travers de nos gants qui ressemblent à de gros gants de boxe. Cependant, un couteau suisse faisait toujours partie de l'équipement à l'intérieur de la navette.

Pour ce qui est des montres, nous n'avions pas l'obligation d'en emporter pendant les missions. La NASA en mettait à disposition pour ses astronautes. Nous avions par contre la possibilité d'emporter jusqu'à trois montres personnelles à bord. J'ai emporté à quelques reprises une Omega Speedmaster X-33 originale, qui était pour moi un garde-temps de qualité. Elle avait l'avantage d'afficher plusieurs heures sur son cadran, typiquement le «Mission Elapsed Time» et le Temps Universel, tous deux utilisés lors de chaque mission.

Je n'ai en revanche pas eu l'occasion de boire du Nescafé en vol. Nous avions de la

poudre de café au fond d'un sachet, à laquelle il fallait ajouter de l'eau iodée – c'est le traitement usuel pour éviter toute contamination bactérienne. Ce mélange ne donnait pas une boisson de grande qualité. Je préférais les boissons froides, comme le jus d'orange.

Par ailleurs, il m'est arrivé de prendre du valium, notamment pour dormir la première nuit orbitale, car elle n'est en général pas très bonne après la dynamique de la montée en orbite. Ensuite, notre charge de travail était telle, parfois jusqu'à 13 heures d'affilée, que nous dormions plutôt bien. Nous avions la chance d'avoir à disposition un environnement plutôt confortable, avec des sacs de couchage et de grandes surfaces pour s'allonger (en particulier au plafond et sur les parois latérales de la cabine !). Lors du programme Apollo, les conditions dans le module lunaire étaient beaucoup plus spartiates, ce qui devait rendre les phases de sommeil de moins bonne qualité. Peut-être les astronautes d'Apollo ont-ils aussi utilisé du valium pour se reposer ou mieux dormir. Ils ont avant tout réalisé le plus grand rêve de tout astronaute : marcher et travailler à la surface d'un autre corps céleste.

Attraper du vent solaire

L'image du drapeau américain déployé sur la Lune par les astronautes reste historique. Mais avant de nourrir le mythe américain de la frontière sans cesse repoussée, les nouveaux explorateurs ont rendu un service unique à la science. La bannière étoilée a été précédée par une expérience conçue et fabriquée en Suisse. Il s'agissait d'un piquet télescopique sur lequel était accrochée une feuille d'aluminium de 1,4 m de long et 30 cm de large. Les particules provenant du Soleil s'y sont déposées, fournissant de précieuses informations sur la composition du vent solaire, un flux qui émane constamment de l'astre et se propage jusqu'aux confins du Système solaire à raison d'une vitesse de plusieurs millions de km/h. Il n'arrive que partiellement sur Terre, car le champ magnétique de notre planète constitue une sorte de bouclier qui limite les assauts de ces particules.

◀ Le collecteur de vent solaire, une expérience simple mais très innovante pour l'époque, a été imaginé dans les bureaux de l'université de Berne et de l'EPFZ. Il a été planté sur la Lune avant le drapeau américain. Source : © NASA.

L'idée de cette expérience a été émise par Peter Signer, professeur à l'École polytechnique fédérale de Zurich, et Johannes Geiss, un physicien d'origine allemande de l'université de Berne. Il souhaitait en savoir davantage sur la composition du vent solaire, dont l'influence sur notre environnement se traduit, entre autres, par l'apparition des aurores boréales. Afin de l'analyser, il fallait aller au-delà de la magnétosphère terrestre. Bien que la Lune soit également pourvue d'un champ magnétique, il est bien moins important que celui de la Terre et laisse arriver le vent solaire jusqu'à sa surface. L'occasion d'y aller était trop belle pour la laisser passer.

Quand il entend parler du programme Apollo, Johannes Geiss imagine donc une expérience qui, selon les exigences de la NASA, n'a pas besoin d'électricité pour fonctionner, ne présente aucun danger pour les astronautes, et est dotée d'un financement autonome. Avec ses 30 cm de long et un poids inférieur à 500 g, le collecteur de vent solaire prend peu de place. Il peut être déployé en cinq secondes, ce qui est idéal dans le programme strictement chronométré des astronautes. Par ailleurs, l'institut de physique de l'université de Berne bénéficie de la part de la fabrique de feuilles d'aluminium de Kreuzlingen, en Suisse, d'un don d'un kilomètre de feuilles d'aluminium pour la construction du dispositif. En 1965, la candidature est déposée. Plus de mille autres dossiers arrivent dans les bureaux de la NASA. La sélection est très secrète, mais Johannes Geiss bénéficie de contacts à Chicago qui défendent son projet. Le 4 octobre 1968, la bonne nouvelle arrive de Houston : pour le premier alunissage, le collecteur de vent solaire est retenu, avec deux autres expériences, un réflecteur laser et un sismomètre.

Un mois plus tard, Richard Nixon est élu président des États-Unis. Lors de son discours d'investiture, il évoque le programme Apollo et son retentissement international. La question d'un drapeau s'invite alors dans les préparatifs. Faut-il prendre celui de l'ONU, ou celui des États-Unis ? C'est la bannière étoilée qui est retenue en juin 1969. L'initiative fait tout de suite réagir Johannes Geiss : afin que son expérience soit couronnée de succès, il faut que la feuille d'aluminium soit exposée le plus longtemps possible aux rayons solaires. Or le temps d'exploration total prévu pour les astronautes d'Apollo 11 est de deux heures. Le chercheur demande alors à la NASA de commencer le programme par l'implantation du collecteur de vent solaire. Il obtient gain de cause, et le drapeau américain arrive en second. Il présente également l'expérience à Neil Armstrong et Buzz Aldrin et montre comment il faudra la monter une fois sur la Lune. Le premier suggère même quelques changements judicieux. Pour rapporter la précieuse feuille d'aluminium sur Terre, la NASA investit même 10 000 dollars dans un sac en Teflon.

Le 21 juillet 1969, Buzz Aldrin plante le collecteur de vent solaire dans la mer de la Tranquillité. Le dispositif reste exposé 77 minutes face au Soleil, puis la feuille d'aluminium est détachée du piquet, enroulée et placée dans le sac en Teflon, et retourne sur Terre. L'expérience est renouvelée lors des missions suivantes, et le temps de collecte s'allonge autant que celui des explorations lunaires. La feuille d'aluminium reste exposée 18 h 42 lors d'Apollo 12 en novembre 1969, 21 heures lors d'Apollo 14 en février 1971, 41 h 08 lors d'Apollo 15 en juillet 1971 et 45 h 05 lors d'Apollo 16 en avril 1972. Le collecteur se trouve également à bord de la mission avortée d'Apollo 13. Si la question d'un petit drapeau suisse inclus dans l'expérience est évoquée, elle n'a pas de suite. En revanche, au bas de chacun des mâts, qui sont restés sur la Lune, est gravée l'origine du collecteur: « Institut de physique de l'université de Berne, Suisse ». « Dans cinq ans ou dans 500 ans, comme la corrosion est plutôt lente sur la Lune, on pourra toujours le lire », plaisantait sérieusement Johannes Geiss.

À chaque mission correspond une petite histoire liée au dispositif. Neil Armstrong aurait ainsi aimé faire un lancer de javelot avec le mât, mais la cadence trop serrée de la première exploration l'en a empêché. Lorsque Pete Conrad, commandant d'Apollo 12, assiste à la démonstration faite par le chercheur suisse, il demande comment on démonte le piquet télescopique. « Vous n'avez pas besoin de le démonter », lui répond Johannes Geiss. « Ne me dites pas que vous en fabriquez un nouveau à chaque fois », dit l'astronaute, qui ne manquait jamais une occasion pour faire de l'humour. Et de prendre son couteau suisse pour démonter le mât. Il n'a pas eu à le faire une fois sur la Lune, où l'objet est resté.

Ce fameux mât eut, lors d'Apollo 14, le destin que voulait lui donner Neil Armstrong. Pour ce troisième atterrissage sur la Lune, le module cible une zone montagneuse appelée Fra Mauro. Le sol est plus accidenté que celui de la mer de la Tranquillité et l'océan des Tempêtes, les deux sites précédemment explorés. Le commandant Alan Shepard doit, comme il est prévu pour chaque mission, rapporter des échantillons de roche, ce qu'il accomplit à l'aide d'un collecteur équipé d'un manche. Il ne reste que peu de temps, selon le programme, avant que son collège Edgar Mitchell et lui ne remontent dans le module. Les deux hommes vont tout de même profiter d'un moment de répit pour se lancer dans une petite compétition sportive. Alan Shepard sort de la poche de sa combinaison une première balle de golf, la pose au sol, tape dedans et croit la voir s'envoler au loin. Ce n'est en fait qu'à la troisième tentative qu'il arrive à la propulser à l'aide du manche du collecteur d'échantillons, qu'il a équipé d'un fer Wilson. Il sort ensuite une seconde balle, qu'il propulse encore plus loin que la première. Peu après, Edgar Mitchell détache la feuille d'aluminium du collecteur de vent solaire et l'enroule pour la rapporter sur Terre. Il se saisit alors du mât et le lance comme un javelot en direction d'un cratère. Le vainqueur de la compétition est donné par un arbitrage photo: depuis le module, une image montre que le javelot a fini sa course à peine plus loin que la première balle de golf. Encore une victoire suisse.

Lors de la mission Apollo 15, les astronautes ont pour la première fois la possibilité d'utiliser un rover conçu spécialement pour explorer les environs de la mer des Pluies. Prudent, Johannes Geiss conseille aux astronautes de ne pas rouler trop près du collecteur de vent solaire. Peine perdue, sur les images, il voit des traces de pneus au pied même du dispositif. Le bas de la feuille d'aluminium est bien plus couvert de poussière que le haut, mais l'expérience reste exploitable – il faut de toute façon éliminer la poussière lunaire avant de pouvoir analyser les particules solaires. Pour la mission Apollo 16, qui explorera les hautes plaines de la région Descartes, il souhaite améliorer le dispositif et ajouter deux bandes de platine à la feuille d'aluminium afin de faire des mesures plus précises d'un gaz qui entre dans la composition du vent solaire, l'argon. Cette modification suppose de refaire tous les tests afin de sécuriser l'expérience. Il faut notamment voir si la résistance à la chaleur est suffisante – sur la Lune, la température en plein soleil peut atteindre 150°C. L'équipe suisse arrive à terminer en temps et en heure. Pour Apollo 17, le scientifique souhaite inclure un chronographe afin de donner des temps d'exposition différents aux sections du collecteur. Il demande pour cela à Omega de s'associer à eux afin de concevoir un système de mesure du temps. Bien que l'ensemble soit testé et approuvé par l'institut de physique de l'université de Berne, la NASA refuse cette fois que l'expérience monte à bord du module, qui sera le dernier à alunir.

Au total, cinq feuilles d'aluminium incrustées de particules solaires sont revenues sur Terre. Après avoir passé la période de quarantaine obligatoire, elles sont envoyées à Berne, où les physiciens commencent à les analyser. Il faut pour cela enlever autant que possible la poussière lunaire qui reste obstinément agrippée à la surface. Ils mesurent ensuite les quantités de gaz rares, hélium, néon et argon, contenus dans le vent solaire. Les résultats viennent corroborer les théories liées à ce phénomène complexe et offrent une meilleure compréhension de la dynamique qui anime le Soleil. Le dispositif imaginé par le professeur Geiss est si efficace que les agences spatiales américaine et européenne le reprennent pour concevoir un satellite,

ISEE-3 (pour *International Sun-Earth Explorer*, en français « Explorateur international Soleil-Terre »). Placé à 1,5 million de kilomètres de la Terre, il observe le Soleil et ses émissions de particules entre 1978 et 1997.

HI
SCALE
LO
RANGE
R
001
119
V
FT/SEC

Une fixation révolutionnaire : le Velcro

Il y en avait pour ainsi dire partout : sur toutes les parois des modules lunaires, enroulé à l'extrémité d'un crayon de papier pour le fixer quelque part, sur les check-lists pour les accrocher aux combinaisons spatiales, en guise de bracelet de montre sanglé sur le scaphandre, ou encore de ceinture de sécurité sur le rover lunaire, sous les bottes des astronautes, sur les sachets de nourriture et de collecte d'échantillons afin de les ouvrir et les fermer, et même à l'intérieur du casque pour pouvoir soulager un nez qui gratte. Les fixations Velcro furent l'invention la plus géniale pour contrer les lois de l'apesanteur. La NASA en a fait un élément essentiel du programme Apollo après l'avoir utilisé lors des missions Mercury et Gemini. Dans leur biographie, plusieurs astronautes rappellent combien ils ont apprécié son usage.

◀ Les bandes Velcro furent une révolution pour les missions Apollo. Rien de tel que cette attache pour ranger ses affaires qui sinon flotteraient partout en apesanteur. Source : © Lukas Viglietti.

C'est sur les hauteurs de Vich, près de Nyon, qu'a germé l'idée de cette fixation révolutionnaire dans la tête de George de Mestral, un ingénieur mécanicien né en 1907 et sorti de l'École polytechnique fédérale de Lausanne. En 1941, lors d'une partie de chasse, il retrouve accrochées à sa veste et aux oreilles de son chien des boules garnies de piquants provenant d'une plante de la famille des chardons appelée bardane. D'aucuns auraient renvoyé ces boules trop attachantes de là où elles venaient, non sans avoir pesté en les enlevant fastidieusement une par une. Mais George de Mestral n'est pas de cette nature. À l'âge de 12 ans, il avait déjà déposé un brevet sur un modèle réduit d'avion en tissu. Observateur, et d'une patience extrême, il se demande ce qui fait adhérer ces boules aux poils et au tissu et en empoche quelques-unes. Au microscope, il observe un système de crochets, semblables, selon ses mots, à des cornes de chamois, qui s'agrippent facilement à un tissu ou un pelage.

Pendant 15 ans, il va s'entêter à reproduire ces propriétés naturelles. Il imagine qu'en fabriquant un support fait de boucles et un autre fait de crochets, il créera un système de fermeture rapide qui pourrait être une alternative aux boutons et aux fermetures Éclair. Il se lance dans un tour d'Europe et explique son idée à une demi-douzaine d'entreprises qui se montrent toutes sceptiques. Le support fait de boucles ne pose aucun problème de production, mais les crochets doivent être à la fois souples et résistants pour s'accrocher et se décrocher des boucles, ce que personne n'imagine vraiment pouvoir faire. Jusqu'à ce qu'il se rende dans une société lyonnaise qui lui propose un prototype, et lui envoie un colis avec le produit demandé. Heureuse erreur, l'entreprise textile s'est trompée et lui a fait parvenir un tissu fait avec un matériau tout juste inventé par le géant américain de la chimie DuPont de Nemours, le nylon. Ce dernier est assez résistant pour être collé et décollé un bon nombre de fois. Mais son invention est tellement novatrice que George de Mestral ne trouve pas de procédé de fabrication adéquat et doit créer ses premières fixations en coupant les crochets avec des ciseaux de broderie. Il dépose un brevet en 1955, nommant son invention Velcro, contraction des premières syllabes de « velours » et « crochet ».

Le système de coupe des crochets reste cependant un obstacle à la production industrielle. Pour cette raison, il s'isole à 3170 m d'altitude, dans la cabane du Trient, afin de résoudre le problème. Il sort de sa retraite avec l'idée d'une tondeuse qui pourra couper les fils avec l'angle souhaité. Il lui reste encore à mettre au point des métiers à tisser adéquat, et à faire connaître son invention. « Mon grand-père n'avait pas d'argent et donc pas les moyens de développer le Velcro », rappelle Pierre de Mestral. « Son associé, qui souhaitait avoir un retour sur investissement, a créé une société dans laquelle mon grand-père avait une part minoritaire. Puis cette société, qui était détentrice du brevet, a été vendue aux Américains. Mon grand-père a gardé l'exclusivité de la fabrication et de la distribution pour la Suisse et l'Autriche. » Tandis que la production commence aux États-Unis, George de Mestral installe une usine à Aubonne, où travaillent jusqu'à une cinquantaine d'employés. Aussi bien en Europe qu'outre-Atlantique, les débuts du Velcro ne sont pas fulgurants. La mode dédaigne ces nouvelles attaches esthétiquement peu séduisantes. Jusqu'à ce que le magazine Reader's Digest publie un article repéré par la NASA. Le Velcro est idéal pour les astronautes, qui apprécient cette solution bien plus rapide et pratique pour ouvrir, fermer et fixer les éléments autour d'eux. Voilà la bande auto-agrippante lancée sur la piste aux étoiles.

Un accident vient cependant lancer un défi à la nouvelle invention. Le 27 janvier 1967, les trois premiers astronautes du programme Apollo se préparent à faire un exercice de communication au sol pour le vol prévu en février. Virgil « Gus » Grissom, Edward White et Roger Chaffee prennent place dans la cabine de simulation. Ils s'apprêtent à décoller lorsqu'un court-circuit dans les câblages du module vient enflammer l'intérieur de l'habitacle. Il se propage en quelques secondes et rend impossible toute tentative de sortie de l'équipage. Les trois astronautes meurent asphyxiés. L'enquête montre que les fixations Velcro sont en partie responsables de la rapidité avec laquelle l'incendie s'est développé. L'entreprise américaine doit donc réfléchir à fabriquer ses produits avec des matériaux ignifuges.

Ensuite, plus une mission Apollo ne peut se passer du Velcro. Lors d'Apollo 11, Buzz Aldrin montre l'ingéniosité du système en fixant le programme d'exécution sur le tableau de bord. Edgar Mitchell se fait photographier à côté du drapeau américain lors d'Apollo 14, la poche gauche de sa combinaison spatiale largement ouverte, laissant entrevoir les bandes Velcro pour l'ouvrir et la fermer. Rapidement, grâce à la plasticité de la langue anglaise, le mot Velcro, comme beaucoup d'autres marques, devient même un verbe pour les astronautes, tant son utilisation est devenue commune « It is velcroed in », c'est attaché à l'intérieur avec du Velcro. Le principal problème avec ces fixations est lié à une substance encore plus attachante que le Velcro lui-même : la poussière lunaire, qui vole partout. Le régolithe est en effet si fin et si collant qu'il s'immisce jusque sous les minuscules crochets et empêche les bandes d'adhérer l'une à l'autre.

Mais dans leurs mémoires, plusieurs astronautes louent cette invention géniale, qui a valu à George de Mestral d'être invité par la NASA à certains des lancements Apollo, auxquels il s'est rendu en Concorde. À Aubonne, l'usine continue sa production pour la Suisse et l'Autriche jusque dans les années 1980. Elle périclite lorsque le Velcro commence à être importé d'Italie et d'Espagne. George de Mestral, qui n'est pas devenu multi-millionnaire pour avoir cédé son brevet, mais mène tout de même un train de vie confortable, s'éteint en 1990. Son invention est depuis longtemps sortie du marché de niche et est devenue un succès planétaire. La mode s'est elle aussi mise à la bande auto-agrippante. Avec l'expiration du brevet en 1978, d'autres marques que Velcro ont vu le jour. Encore aujourd'hui, la bardane et le persévérant inventeur ne cessent de donner naissance à de nouvelles applications.

NASA

À la seconde près

« *What could you do in 14 seconds ?* » Que pourriez-vous faire en 14 secondes ? L'inscription figure sur le modèle de la montre de légende Omega Speedmaster créé spécialement pour le 45e anniversaire de la mission Apollo 13. Quatorze secondes, c'est le temps exact qu'il fallait égrener pour que les trois astronautes, réfugiés dans un module lunaire en perdition à plus de 300 000 km de la Terre, puissent revenir sain et sauf. Sans électricité à la suite de l'explosion d'un réservoir d'oxygène qui les a empêché d'atteindre la Lune, ils ne pouvaient compter que sur la montre Omega du pilote du module de commande, Jack Swigert, afin d'effectuer une opération cruciale. En allumant le moteur pendant 14 secondes, il corrigea la trajectoire, permettant au train lunaire de rejoindre une orbite de vol vers la Terre. Ce qu'ils firent, avec un succès qui relevait d'une maîtrise extraordinaire.

◀ L'Omega Speedmaster portée par Jack Swigert est entrée dans l'histoire. Les quatorze secondes égrenées par son aiguille pendant l'allumage des moteurs de la mission Apollo 13 ont fait rentrer l'équipage sain et sauf sur Terre. Source : © NASA.

L'Omega Speedmaster est si fiable qu'elle a participé à toutes les missions Apollo, si bien qu'elle est devenue la légendaire « Moonwatch », le chronographe officiel de la conquête de la Lune. Pourtant, elle n'était pas destinée pour cette aventure. À l'origine, en 1957, elle faisait partie d'une nouvelle trilogie « professionnelle » avec la Seamaster, faite pour la plongée, et la Railmaster, conçue pour les personnes travaillant près de champs électriques. La Speedmaster devait séduire les passionnés de sport automobile. Afin de lui attribuer un mouvement simple et robuste, Omega s'était tourné vers Marius Meylan, directeur de l'entreprise partenaire Lemania. Comme la tâche relevait du défi, le directeur technique de Lemania, Albert Piguet, proposa à Marius Meylan de s'installer dans sa propre villa avec son matériel afin de travailler à sa conception dans les meilleures conditions. Sur sa planche à dessin naquit l'infaillible calibre 321. Doté d'un boîtier étanche et d'une échelle tachymétrique – un outil dont le but est de mesurer la vitesse de déplacement d'un objet ou d'une personne en mouvement –, le chronographe peut également résister à une pression de six atmosphères. Ces propriétés en font un objet d'exception.

En 1962, l'astronaute Walter Schirra choisit lui-même un modèle de Speedmaster, à titre privé, pour l'emporter lors de la mission Sigma 7 du programme Mercury. En 1963, lors de la dernière mission du programme, Gordon Cooper porta également la sienne au poignet. La NASA se rendit compte qu'un outil horloger pouvait être essentiel en cas de dysfonctionnement des instruments de bord, et voulait de toute façon fournir une montre, indispensable pour mesurer le temps lors des sorties extra-véhiculaires. À l'instar de la totalité du matériel embarqué, ces objets devaient être testés afin d'éviter tout problème potentiel pendant la mission. Une légende tenace veut qu'un employé de l'agence spatiale ait acheté plusieurs exemplaires auprès d'un détaillant et qu'ils furent soumis à une batterie de tests. En réalité, la NASA, en tant qu'organisme gouvernemental, ne pouvait se passer d'un appel d'offres, qu'elle lança en 1964 en demandant aux manufactures de répondre à un cahier des charges très strict, mais sans préciser quelle utilisation serait faite de ces montres. Longines, Hamilton, Rolex et Omega furent les quatre entreprises à fournir une réponse. Hamilton fut directement éliminée car l'entreprise avait fourni une montre de poche alors qu'une montre-bracelet était requise.

Restait aux trois finalistes à passer les tests d'homologation, qui n'avaient rien d'un contrôle de routine. Les montres devaient être soumises à des conditions extrêmes. Elles devaient par exemple être exposées 48 heures à une température de 71°C, suivies de 30 minutes à 93°C, puis, lors du test suivant, quatre heures à –18°C. Elles devaient résister à des chocs et des accélérations particulièrement forts, des vibrations intenses, un air saturé d'humidité ou encore de longues phases de décompression. L'ingénieur de la NASA responsable de cette sélection, James Hagan, se souvient que dès le premier test, un seul chronographe a montré son immense résistance : l'Omega Speedmaster. Pour la dernière phase, il fit choisir aux astronautes leur modèle préféré. Là encore, Omega remporta la manche. Ses chronographes seront les maîtres du temps de la conquête de la Lune. Le Sénat américain essaya bien de faire pression pour que l'agence spatiale choisisse des montres fabriquées aux États-Unis. Mais la précision et la constance des Omega font qu'un demi-siècle plus tard, l'entreprise suisse est toujours un fournisseur de la NASA.

Pour sa première participation officielle, la montre s'envola au poignet de Virgil « Gus » Grissom et John Young, qui partirent dans l'espace le 23 mars 1965 à bord de la mission Gemini 3. Deux mois et demi plus tard fut lancée Gemini 4. Les astronautes troquèrent alors le bracelet métallique pour une attache, elle aussi d'origine suisse, en Velcro. La mesure du temps resta, elle, inaltérable. Ces hommes dans l'espace avaient besoin de savoir à la seconde près ce qui se passait autour d'eux, notamment combien de temps durait la mise en marche des moteurs fusées. Un écart, aussi infime soit-il, pouvait avoir de graves conséquences et entraîner une déviation de trajectoire. Aussi Neil Armstrong et Buzz Aldrin se référèrent-ils sans cesse à leur Speedmaster, réglée à l'heure du centre de contrôle de Houston, pour leur vol et leur sortie extra-véhiculaire sur la Lune. Preuve ultime de cette précision infaillible : Omega fut récompensée par le Snoopy Award de la NASA pour avoir contribué au sauvetage de la mission Apollo 13 – le chien dessiné par Charles M. Schultz étant la mascotte de l'agence spatiale. Ce prix est la plus haute distinction accordée à un fournisseur pour la qualité de l'équipement utilisé.

Plusieurs dizaines de montres furent acquises pour l'ensemble des missions par la NASA. Cependant, pas question pour les astronautes de conserver celles qu'ils ont portées en souvenir, car elles restent la propriété du gouvernement. Elles ont donc été, pour la plupart, remises à des musées, notamment au musée national de l'Air et de l'Espace, à Washington, et au musée Omega, à Bienne. Leur valeur liée à leur histoire exceptionnelle a suscité, et suscite encore les convoitises. Ainsi la montre portée par Buzz Aldrin a disparu en 1971 alors qu'il l'avait justement envoyée par la Poste au musée de l'Air et de l'Espace. Depuis, nombreuses sont les conjectures quant à l'endroit où elle se trouve, et il n'est pas rare de lire qu'elle a été localisée dans quelque pays inattendu.

Quelques astronautes firent cependant des infidélités aux Omega. Jack Swigert, lors d'Apollo 13, emporta en plus sa Rolex GMT-Master, qui n'arriva pas jusqu'à la Lune. De même, Edgar Mitchell, d'Apollo 14, et Ronald Evans, d'Apollo 17, portaient volontiers des Rolex. Mais aucune d'entre elles n'était passée par les tests sélectifs de la NASA. La seule montre qui fut la propriété privée d'un astronaute et qui arriva sur notre satellite provenait de l'horloger américain Bulova, qui avait un atelier en Suisse. Par l'intermédiaire d'Omar Bradley, général cinq étoiles à la retraite, Bulova réussit à équiper deux instruments d'Apollo 11 d'un mouvement qu'il avait créé, appelé Accutron : la montre de bord du module lunaire et le sismographe installé à la surface de la Lune.

Lors de la mission Apollo 15, le commandant Dave Scott demanda s'il pouvait emporter un second chronographe, ce qui lui fut accordé. Sur la Lune, il accomplit la dernière des trois sorties extra-véhiculaires prévues avec sa Bulova sanglée à l'aide de son bracelet Velcro sur la manche de son scaphandre. Malgré les dires de Scott, certains spécialistes en doutent. Mais le fait est qu'en 2015, cette montre historique fut mise aux enchères à un prix de départ de 500 $. Elle partit à 1 6250 000 $, y compris le bracelet Velcro, qui aurait fait, lui, les trois sorties extra-véhiculaires.

f=180mm
70' 100' 200'
NASA

Objectifs Lune

C'est un sac dont la forme rappelle ceux que portaient autrefois les médecins, et dont le tissu a à peine perdu sa blancheur originelle. Il a été légué au National Air and Space Museum (Musée national de l'air et de l'espace) de Washington en 2014, deux ans après la mort de son propriétaire, Neil Armstrong. À l'intérieur se trouvaient plusieurs objets qui semblaient avoir été emportés dans l'espace. Parmi eux, un miroir, un filet, un petit couvercle en métal, ou encore une sangle terminée par un mousqueton pour s'attacher lors du voyage en apesanteur. L'élément qui retient le plus l'attention est une caméra compacte de 16 mm, qui tient dans la main. C'est elle qui, attachée à la fenêtre du module Eagle, a filmé le premier alunissage. Toutes les autres missions sont également équipées de cet appareil, qui provient de l'entreprise américaine Maurer.

◀ L'entreprise Kern Aarau a fait passer une batterie de tests exigeants à ses objectifs afin qu'ils résistent aux conditions spatiales. Le succès se traduisit par les images transmises par les caméras embarquées. Source : © Studiensammlung Kern, Aarau.

L'objectif de 10 mm sort d'une usine autrefois bien connue en Suisse pour ses instruments de précision : Kern, située dans la ville d'Aarau. L'entreprise helvète a en effet fourni à la NASA quatre objectifs destinés à partir avec les missions Apollo.

Lorsque l'agence spatiale américaine recherche un fabricant d'optique de précision, Kern est loin d'être un nom inconnu. Fondée en 1819, la société a ouvert des bureaux à New York en 1952 et les a ensuite déplacés à Porchester, à 50 km de la grosse pomme. L'industrie spatiale a bénéficié très tôt de l'expertise suisse, dont les théodolites* ont été essentiels à la construction de plusieurs chantiers. En 1959, la base de lancement de Cap Canaveral, rebaptisée Kennedy Space Center entre 1963 et 1972, est réaménagée avec de nouvelles rampes de lancements. Leur orientation parfaite pour optimiser les tirs de fusée est donnée grâce à des théodolites dont la précision est telle que leur déviation maximale est de 0,25 mm sur une distance de mesure de 100 m. Par ailleurs, pour assembler la plus

* Instrument d'optique mesurant les angles dans les deux plans horizontal et vertical, afin de déterminer une direction et effectuer les mesures d'une triangulation.

grande fusée jamais construite, la Saturn V (111 m de haut), qui emmène les hommes d'Apollo sur la Lune, des instruments de mesure hors du commun sont nécessaires. Les quatre panneaux externes abritant le module lunaire sont installés en cercle parfait grâce à un théodolite de Kern qui prend des mesures au centre.

L'entreprise a même développé une version astronomique de l'instrument, dotée d'un télescope, afin de se repérer à l'aide de points célestes. Le suivi radar de la fusée lors de son vol est fait par trois radiotélescopes répartis autour de notre planète dont les antennes ont été positionnées à l'aide d'un théodolite DKM 3-A. Enfin, Kern a également été sollicitée par la société Paillard pour fabriquer des lentilles destinées aux caméras 8 et 16 mm.

Autant dire que les compétences suisses intéressent vivement la NASA pour ses missions lunaires. Mais le cahier des charges ne correspond à aucun autre tant l'environnement dans lequel les appareils vont être utilisés est extrême. C'est ce qu'expliquent des représentants de Paillard, qui sert d'intermédiaire, et des ingénieurs de la NASA lors d'une visite qu'ils font en 1967 à Aarau. Les objectifs doivent avoir des propriétés mécaniques qui les rendent résistants à l'accélération exercée par le décollage de la fusée, ainsi qu'à la pression et à l'énorme variation des températures sur la Lune. La monture doit être faite avec un acier spécial dont le coefficient de dilatation thermique est semblable à celui du verre. Comme la poussière est un élément très envahissant, il faut que l'étanchéité soit la plus élevée possible. Au total, une série de 25 tests est menée sur chacun des objectifs, soumis notamment à cinq minutes d'accélération avec une force de 5,5 g – semblable à une Formule 1 qui accélère au maximum dans un virage – et à une exposition à des températures allant de –40 à +70°C. Kern accepte de relever le défi, plus pour le prestige que pour les affaires, le nombre d'objectifs à fournir étant relativement peu important.

Voilà donc l'entreprise en pleine effervescence. Les délais de livraison sont courts, et les calculs de correction à faire pour chaque objectif (10, 16, 75 et 180 mm) sont nombreux. Mais la NASA sait qu'elle peut compter sur une entreprise très réactive, dotée d'une grande capacité de développement et de production. Certaines versions, testées lors d'Apollo 10 ou 11, sont modifiées pour la mission suivante.

Ces objectifs suisses sont à chaque fois du voyage. Les caméras se trouvent dans les modules de commandes, plus exactement sur le cadre du hublot de rendez-vous, ainsi que dans le module lunaire où elles sont placées en haut du cadre du hublot droit, c'est-à-dire celui du pilote. Les images qu'elles fournissent sont une source d'information unique sur la façon dont les astronautes et les objets se comportent durant la mission. Deux types d'images sont particulièrement souhaités : les rendez-vous entre vaisseaux spatiaux et les alunissages. Pour filmer ces derniers, un miroir placé à l'extrémité de l'objectif avec un angle de 45 degrés permet de filmer verticalement le sol. Lors du premier alunissage de la mission Apollo 11, la caméra est aussi utilisée pour immortaliser les activités extra-véhiculaires, à raison d'une image par seconde. Par la suite, les astronautes emportent les appareils au cours de leurs explorations, y compris sur les rovers lunaires.

Pas étonnant donc que ces caméras soient les objets les plus particuliers de l'héritage Apollo. Si la caméra de 16 mm de Neil Armstrong a fini au musée, une autre a fait parler d'elle en 2011, après que son propriétaire, Edgar Mitchell, a essayé de la vendre aux enchères via la société Bonhams. Cette dernière l'a estimée entre 60 000 et 80 000 dollars. La NASA a cependant porté plainte contre l'ancien astronaute, clamant que c'était un bien qui lui appartenait. Or d'après Edgar Mitchell et ses amis astronautes qui le soutiennent, cette caméra, comme tous les objets présents dans le module Antarès qui s'est écrasé à la surface de la Lune afin de tester le sismomètre qui y avait été installé, aurait dû être abandonnée. Un accord stipulait que certains objets pouvaient être rapportés sur Terre, mais d'après la NASA, la caméra n'en faisait pas partie. Elle a donc été retirée des ventes, et Edgar Mitchell a fait appel de la décision. La fin de l'histoire n'est pas encore connue, mais entre-temps, le sixième homme a avoir marché sur la Lune a rejoint les étoiles.

MASTER
SN
REWIND
& LOAD
ON
Press to
TEST
BATT

Le Nagra, dans les coulisses secrètes de l'Histoire

Il tient dans la main. Alors qu'une décennie avant le premier alunissage, il fallait tout un camion et de nombreux câbles pour enregistrer des sons. Cet appareil de 14,7 cm de long, 10 cm de large, 2,8 cm d'épaisseur et pesant 574 g est un concentré de technique d'une marque devenue légendaire: Nagra. Qu'il s'agisse du cinéma, de la télévision, de la radio, mais aussi de la science ou encore des renseignements, tout le monde connaît ces boîtiers sortis de l'usine de Cheseaux, à côté de Lausanne. Leur réputation les a même emmenés jusque sur la Lune.

En polonais, « on nagra » signifie « il enregistrera ». S'il porte ce nom, c'est que son inventeur, Stefan Kudelski, a dû quitter sa Varsovie natale avec ses parents après l'invasion de la Pologne par l'Allemagne, en 1939.

◀ Un enregistreur miniature embarqué dans un espace confiné: le Nagra SN, conçu à l'origine à des fins d'espionnage, aurait suivi les conversations des équipages des missions Apollo. Source: © Kudelski Group, Cheseaux-sur-Lausanne.

Il a dix ans lorsqu'ils arrivent en France. Ses parents s'engagent dans la résistance, lui apprend les sciences auprès de compatriotes également exilés. En 1943, le réseau auquel appartiennent ses parents tombe, et la famille doit partir en Suisse. Stefan Kudelski commence à étudier l'électronique en autodidacte puis s'inscrit à l'École polytechnique fédérale de Lausanne (EPFL). C'est là qu'il découvre la bande magnétique et, inspiré par la spécialité suisse de la mécanique à haute précision, commence à conceptualiser le magnétophone. Pour son premier modèle, il travaille avec un camarade d'école dans sa chambre d'étudiant.

En 1952, il diffuse une prise de son particulière lors d'une émission de radio présentée par le journaliste Jean Thévenot et dédiée aux amateurs d'enregistrement audio. C'est la première fois que l'on entend aussi nettement le son des cloches de la cathédrale Notre-Dame, à Paris. L'exploit suscite immédiatement l'intérêt des radios, enthousiastes à l'idée de n'avoir plus qu'un seul homme, un seul appareil et aucun câble à la patte pour faire des enregistrements. Stefan Kudelski ne trouve cependant aucun partenaire pour l'appuyer dans la production de Nagra : ni les banques, ni les fabricants ne veulent se lancer dans l'aventure. Il vend alors ses premiers appareils très cher, et réinvestit l'argent dans son entreprise. La télévision accapare l'invention, puis vient le septième art : le réalisateur Marcel Camus se sert d'un Nagra pour tourner son film Orfeu Negro au Brésil. Par la suite, Stefan Kudelski recevra plusieurs Oscars (1965, 1977, 1978 et 1990), une récompense prestigieuse pour ses contributions techniques au monde du cinéma. La science n'est pas en reste, puisque l'alpiniste Raymond Lambert en emporte un pour son ascension de l'Everest, et le professeur Auguste Piccard en met un dans son bathyscaphe pour la première plongée dans les profondeurs de la Méditerannée.

Les modèles évoluent. Au Nagra I à manivelle succède le Nagra II avec modulomètre. En 1958, Stefan Kudelski sort le Nagra III, à transistor et moteur électrique. Incassable et sophistiqué, il résiste à des températures extrêmes et corrige le son en cas de mouvements intempestifs du porteur. L'atelier situé à Prilly, dans la banlieue de Lausanne, devient alors trop petit. La nouvelle usine est installée quelques kilomètres plus loin, à Paudex – celle de Cheseaux ouvrira en 1968. Tout y est fabriqué de façon à la fois artisanale et extrêmement précise. Des vis jusqu'aux circuits imprimés, en passant par les têtes magnétiques, pas une pièce n'échappe au grand degré d'exigence du chef d'entreprise. Il souhaite que la machine soit fiable et autonome, y compris dans les conditions les plus difficiles. Claude Gendre, spécialiste des techniques audiovisuelles, témoigne: «Quand il m'a reçu en 1975 à Paudex, et comme je faisais des réserves sur l'emploi de la matière plastique pour le couvercle, il se saisit d'un Nagra III, le laissa tomber par terre et je l'ai vu monter sur le capot à pieds joints. Il me dit ensuite: "Maintenant ramassez-le et faites-le marcher...". J'avoue avoir pris de grandes précautions pour le poser sur la table, sachant qu'il valait très cher. Le capot n'avait aucune trace de fissure, s'ouvrait normalement et l'appareil fonctionnait sans aucun problème. Stefan Kudelski ajouta: "Les professionnels n'hésiteront pas à payer plus cher s'ils savent qu'ils peuvent être tranquilles avec leur matériel"». Aussi robuste soit-il, le Nagra III présente un désavantage qui testera la résistance des épaules de journalistes: il pèse près de 6 kg sans les 12 piles nécessaires à son fonctionnement.

Or pendant que les Beatles enregistrent *The Long and Winding Road*, la technologie se fait plus compacte. Ces avancées intéressent un domaine où les gadgets à la James Bond sont indispensables : l'espionnage. La CIA commande à Stefan Kudelski un enregistreur miniature qui pourra pallier les défauts de ceux utilisés jusqu'à présent. Elle subventionne l'étude et la fabrication de l'appareil en échange d'une exclusivité de 10 ans. C'est ainsi qu'arrive, dans les années 1960, le Nagra SN, tenant dans la paume d'une main et n'ayant besoin que de deux piles 1,5 V pour fonctionner. Il ne sera révélé au public qu'en 1971. Mais la NASA est dans le secret, et cette miniaturisation extrême l'intéresse au plus haut point.

Le Nagra SN aurait enregistré toutes les conversations des hommes partis sur la Lune. Pourtant, à ce jour, aucune preuve ne vient démontrer qu'un tel appareil était à bord des missions Apollo. Il apparaît anonymement dans une liste du matériel présent à bord d'Apollo 11, qui mentionne un enregistreur (recorder), sans marque, d'un poids de 500 g. La confusion est difficilement possible. De plus, l'entreprise Nagra en expose un exemplaire parmi ses pièces historiques et affirme qu'un SN est parti sur la Lune avec Neil Armstrong. Mais elle ne dispose d'aucun détail supplémentaire. Les services secrets américains ont sans doute verrouillé toute mention explicite. Cinq ans plus tard, au moment du scandale du Watergate, Stefan Kudelski révèle que le gouvernement américain possède une centaine de ses enregistreurs. Il suppose qu'ils sont la source des enregistrements compromettants qui amèneront à la destitution du président Richard Nixon. Un si petit appareil pouvait donc faire de grandes Histoires.

This space
belongs to
NESCAFÉ
NESCAFÉ
CAFÉ
instantáneo
And we're infinitely proud.
Because NESCAFÉ - Puerto Rico's
favorite coffee brand - was
chosen for the APOLLO 11 astronauts
during their history-making moon trip.
From the onset of the space program,
the NESTLE company prepared and supplied
to NASA a series of natural product
concentrates. These were also included
in the stellar bill of fare.
We're proud of our space team's breakthrough
And of their coffee breaks, too.

En passant par la chimie

En 1929, au Brésil, on fait brûler du café comme s'il s'agissait de morceaux de bois. Le pays croule sous les stocks habituellement exportés aux États-Unis et en Europe en raison d'une crise qui frappe l'économie mondiale de plein fouet. L'un des acteurs de ce commerce est la Banque française et italienne pour l'Amérique du Sud. Elle contacte Nestlé pour savoir si l'entreprise peut trouver une solution qui fasse remonter les ventes de café. L'idée est de faire une boisson instantanée, préparée simplement avec de l'eau chaude et du café soluble. La recette des cubes Maggi – que Nestlé rachètera en 1947 – est vue comme un exemple.

Le jeune chimiste alimentaire Max Morgenthaler, qui a étudié à l'université de Berne, est chargé de cette mission en 1932. Plusieurs recherches ont déjà été menées afin de parvenir parvenir à ce résultat, mais aucune n'est arrivée à préserver l'arôme.

◀ Une publicité complètement justifiée: le Nescafé était le café des hommes d'Apollo, apprécié à tel point que certains d'entre eux, lors d'une mission, s'en disputèrent les stocks. Source: © Archives Historiques Nestlé, Vevey.

Nestlé investit du personnel et de l'argent pendant quatre ans, puis décide, faute d'invention concluante, d'arrêter le projet. Max Morgenthaler, lui, souhaite continuer les recherches en dehors de ses heures de travail. Deux ans plus tard, le chimiste présente sa solution à la direction du groupe, qui est conquise. Testé en Suisse, le café soluble rencontre un succès immédiat. En 1938, Max Morgenthaler dépose le brevet de fabrication.

Pour ceux qui s'aventurent loin du confort moderne, le Nescafé est une trouvaille infiniment appréciée. Pas étonnant, donc, que la version Gold embarque avec l'équipage d'Apollo 11 pour la Lune. Elle sera présente à bord également sur toutes les autres missions, et se retrouve même au cœur d'un accrochage entre deux membres d'Apollo 15. Avant de partir, David Scott décide de n'emporter que du cacao comme boisson chaude, ce qu'Alfred Worden ne manque pas de critiquer, considérant que ce choix est peu judicieux. Mais David Scott l'affirme haut et fort : il préfère le chocolat chaud au café. Sauf que pendant la mission, Alfred Worden voit sa réserve de Nescafé Gold fondre à vue d'œil. Le coupable est vite trouvé en la personne du commandant Scott, et une belle dispute s'ensuit.

Ce n'est pas une première pour Nestlé, qui a déjà fourni de la nourriture de longue conservation à la NASA. Les astronautes de Gemini ont ainsi goûté aux desserts sous forme de cubes fournis par les Suisses : cubes à la noix de coco, à l'abricot, au chocolat, à la fraise, etc. L'équipage d'Apollo 11 a droit à trois repas par jour, qui leur fournissent 2800 calories. Il s'agit également de nourriture déshydratée, présentée en cubes dans des sacs plastiques.

Parmi la liste des éléments à absorber figurent par ailleurs des médicaments. Car la santé de l'équipage est évidemment un point crucial pour la réussite d'une mission. Dans la revue « Image » qu'ils publient en 1959, les laboratoires Roche mentionnent les défis posés par le stress physiologique et psychologique vécu par les astronautes. La NASA a bien évidemment listé tous les problèmes de santé rencontrés et possibles pour ses hommes. Elle leur fournit donc un kit médical, dans lequel figurent probablement des produits fabriqués par Hoffmann-La Roche : des vitamines, et peut-être du valium, l'anxiolytique lancé en 1963 et devenu le premier médicament de masse. Il a été le remède le plus prescrit aux États-Unis entre 1969 et 1982.

Il n'est pas mentionné explicitement dans le kit médical, mais a été livré à la NASA pour les astronautes. Cependant, comme Nestlé, Hoffmann-La Roche ne souhaite pas mettre en avant ces participations. Dans son livre «Human Physiology in Extreme Environments», Hanns-Christian Gunga, spécialiste de la médecine spatiale, indique qu'en cas de grave problème psycho-médical lors d'une prochaine mission à destination de la Lune ou de Mars, l'astronaute ou le cosmonaute peut être aidé par des substances pharmaceutiques, comme le valium ou l'halopéridol.

760 filtres suisses dans une fusée

Chaque année, la société BOPP, dont le siège est à Zurich, tisse 24 millions de kilomètres de fils métalliques pour en faire de la toile utilisée dans l'industrie pharmaceutique, sur des haut-parleurs, ou dans les avions afin de les rendre plus silencieux. Les fils les plus fins font 0,015 mm de diamètre, c'est-à-dire que si l'on coupait les cheveux en quatre, ce serait l'un de ces quarts. Ces compétences de haute précision ont été utilisées lors du programme Apollo, comme en témoigne l'entreprise :

« Lorsque le président américain John F. Kennedy déclara que les États-Unis allaient atterrir sur la Lune d'ici la fin de la décennie, les ingénieurs de la NASA durent résoudre dix mille problèmes qui se présentaient à eux. Ils n'avaient que peu de temps, et les défis techniques étaient énormes. Ils ne disposaient

◀ Ces filtres ont été fabriqués à partir d'un tissu de fils métalliques très fins, appelé tissu reps, qui a été produit à Wolfhalden par l'entreprise BOPP. Chaque mission Apollo était équipée d'environ 760 filtres différents. Source : © G. BOPP+CO. AG, Zurich.

pas d'un lanceur suffisamment puissant, et n'avaient qu'une mince expérience en matière de vols habités. D'un point de vue technique, toutes les entreprises participant au projet devaient faire face à des défis spécifiques et se retrouvaient en terrain inconnu dans bien des domaines. Bien évidemment, ce fut aussi la raison qui entraîna une concurrence effrénée entre les développeurs et les fabricants, notamment dans les secteurs des filtres et des treillis métalliques. Pour ce projet, nous avons spécialement développé des toiles reps dont le maillage devait être, selon les indications, 80 × 700 et 325 × 2300 mesh. À l'époque, c'était pour l'usine BOPP à Wolfhalden (canton Appenzell Rhodes-Extérieures), qui avait ouvert quelques années auparavant, en 1956, un défi énorme, ne serait-ce que pour l'acquisition d'un fil métallique très fin, ne dépassant pas 25 microns. Il était alors extrêmement difficile de trouver du bon fil qu'on pouvait tisser. De plus, on utilisait encore des métiers à tisser, ce qui représentait une sollicitation supplémentaire pour ce fil de nature fragile.

L'acheteur des tissus spéciaux BOPP était la Wintec Corporation en Californie, spécialisée dans la fabrication de filtres et fournisseur certifié de la NASA. Les tissus

BOPP entraient dans la fabrication d'environ 80 modèles de filtres différents, sachant que chaque vol Saturn V et Apollo usait environ 760 filtres. Dans les modules Apollo, il s'agissait de filtres à carburant destinés à l'entraînement du système de contrôle par réaction, de filtres pour les valves de surpression d'hélium, de régulation et de contrôle, des filtres pneumatiques dans le système d'entraînement, de filtres pour éliminer les déchets, pour ventiler l'oxygène, de filtres à eau pour le système de contrôle de l'environnement et d'autres pouvant se détacher rapidement. Dans les lanceurs Saturn V, le tissu a été utilisé pour les filtres des moteurs à l'intérieur des valves carburant et de commande, les filtres nécessaires au fonctionnement des cardans dans les propulseurs, pour l'oxygène liquide et le système pneumatique, pour le système hydraulique et de régulation, ainsi que le filtre pour la pompe hydraulique dans le moteur principal. Même la rampe de lancement contenait du tissu de BOPP afin d'acheminer le carburant aux trois systèmes d'entraînement de cette partie du lanceur

La collaboration avec la NASA et Wintec était fastidieuse, pas seulement en raison de la distance géographique. Souvent, les prototypes devaient être améliorés après les premiers tests en un minimum de temps. Les contacts intensifs échangés avec différents niveaux de gestion et d'organisation, sur des sujets techniques de haute volée ont, en plus de la publicité, fait avancer le savoir-faire de l'entreprise. Les années suivantes, ce savoir-faire a favorisé la percée dans des domaines d'utilisation et des projets de recherche exigeants. Le projet de navette spatiale a d'ailleurs pu compter sur les tissus reps BOPP.

Au cours de ce programme d'exploration spatiale, l'entreprise a acquis une grande connaissance en matière de tissage de fils métalliques très fins. De façon générale, les propriétés nécessaires pour les vols spatiaux, comme la miniaturisation, la légèreté, la résistance aux vibrations, à la chaleur, au froid et aux rayonnements, ainsi que, naturellement, la fiabilité essentielle dans des domaines d'application très divers, ont instauré de nouvelles normes, tout comme dans le développement de matériel électronique. Les exigences liées à la planification, l'organisation et la réalisation d'un projet aussi complexe dans un laps de temps extrêmement court, a eu une influence durable sur l'organisation, le déroulement et les systèmes de gestion de projet. Un nombre incalculable d'essais, dont les méthodes et la réalisation ont été développées par des instituts et des clients de BOPP, sont toujours un support pour les techniques d'application. L'entreprise a autrefois prouvé que son équipe pouvait accomplir des choses extraordinaires, et qu'elle jouait en première ligue. C'est toujours le cas aujourd'hui. BOPP dispose des machines, installations et infrastructures les plus modernes. La réflexion innovante, le professionnalisme dans les processus de travail et la qualité des produits fabriqués font partie des forces de l'entreprise. Elles doivent le rester.

FIRST STEPS
ON THE MOON
JULY 20, 1969
APOLLO 11
VICTORINOX

Et aussi…

Des équipements de pointe

« Quelqu'un a un couteau suisse ? » Dans le film *First Man*, qui met en scène les années que Neil Armstrong passe à s'entraîner pour aller sur la Lune, un technicien demande expressément un couteau suisse afin d'attacher la ceinture de sécurité d'une astronaute installée dans un simulateur de vol. L'histoire ne dit pas s'il était de fabrication helvétique. En tous les cas, l'objet est un des outils préférés des aventuriers de l'espace, qui ont à plusieurs reprises mentionné son caractère indispensable lors d'une mission. En 1995, pour son premier voyage qui l'emmène à bord de la station Mir, le Canadien Chris Hadfield trouve un sas d'entrée scellé avec force courroies nouées les unes aux autres. Instinctivement, il sort le Victorinox qui se trouve dans sa poche et commence à couper les courroies,

◀ Pete Conrad, commandant d'Apollo 12, ne sortait jamais sans son couteau suisse. A-t-il pu l'emporter lors de la mission ? Comme lui, plusieurs de ses successeurs ne se séparaient jamais de cet outil. Source : © Victorinox AG, Ibach-Schwyz.

jusqu'à ce que le sas soit complètement dégagé. Ce qui lui fait écrire dans ses mémoires: «Ne quittez jamais la planète sans en avoir un avec vous». De fait, le couteau suisse fait partie de l'équipement fourni à chaque astronaute en partance pour la station spatiale internationale.

Peut-être que l'un d'entre eux est même parti sur la Lune avec les hommes d'Apollo 12. En 1969, le professeur Johannes Geiss, l'un des inventeurs du collecteur de vent solaire (voir pages 15-23), a montré au commandant Pete Conrad comment assembler l'instrument à la surface de la Lune. Le mât était composé de plusieurs parties à emboîter les unes dans les autres. Or l'astronaute, qui voulait le défaire afin de s'entraîner à nouveau, l'a démonté à l'aide d'un couteau suisse, un objet qu'il se vantait d'avoir toujours sur lui. Sa veuve, Nancy Conrad, confirme que c'était le cas. Il est donc possible qu'il ait été du voyage. Officiellement, le premier couteau suisse a avoir été utilisé dans l'espace est celui d'Alan Bean, partenaire de Pete Conrad, sur le vol Skylab qu'il effectua en 1973.

Un autre équipement pointu de fabrication suisse a participé au programme Apollo. La NASA mentionne des métiers à tisser helvètes ayant brodé les emblèmes dessinés par l'équipage de chaque mission et cousus, entre autres, sur les vestes et scaphandre des astronautes. Une entreprise américaine, A-B Emblems, est en charge de leur fabrication. Utilise-t-elle dès les débuts, pour Apollo 11, les nacelles « Schiffchen » sur les machines à broder « Stickerei », conçues par l'entrepreneur de Thurgovie Arthur-Schmid ? Installé à Romanshorn-Salmsach, il faisait partie des quatre fabricants mondiaux de ces machines. En 1970, il reçut la licence de fabriquer et vendre les emblèmes ronds de la NASA. En 1973, la société, en collaboration avec le mathématicien suisse et spécialiste de l'espace Bruno Stanek, proposa un classeur souvenir avec tous les emblèmes des missions Apollo et un texte d'accompagnement.

Des roulements à billes ultra-résistants

C'est une publicité que peu d'entreprises peuvent se targuer de pouvoir faire. Pour mieux vendre ses roulements à billes, ces petites pièces conçues pour transmettre un mouvement de rotation, l'entreprise suisse RMB (Roulements miniatures SA Bienne) a utilisé en 1969 l'image d'un astronaute en scaphandre marchant sur la Lune. Pour une bonne raison : elle a elle-même travaillé avec la NASA sur des roulements à billes spécialement réalisés en vue de l'aventure spatiale.

Sur notre satellite, les conditions hostiles posent des défis aux concepteurs de matériel : la chaleur torride du jour succède au froid intense de la nuit, la poussière omniprésente sur le sol est très envahissante, la pression est plus basse que sur Terre, et le rayonnement solaire n'est pas sans effet sur les matériaux. Il faut donc que tout le matériel emporté en mission, y compris la pièce la plus petite, soit capable de résister à un tel environnement.

Dans les années 1960, RMB a travaillé en collaboration avec le Laboratoire suisse de recherches horlogères (LSRH, aujourd'hui CSEM SA) pour mettre au point des roulements à billes spéciaux, très résistants. Le matériau le mieux adapté restait l'acier, qui ne se déforme pas quelles que soient les conditions. Pour le protéger de l'environnement hostile dans lequel il allait se trouver en contact direct, l'équipe de recherche a eu l'idée de le recouvrir d'un matériau extrêmement dur et pouvant résister à des températures allant jusqu'à 800°C. La méthode pour déposer ce matériau sur les anneaux en acier est elle-même l'objet d'un brevet déposé par le LSRH et mis au point par le responsable des recherches Hans Hintermann. Les billes qui se trouvent entre ces anneaux sont faites soit en oxyde d'aluminium fritté à haute densité, soit en rubis synthétique. Le cercle qui enferme les billes entre les deux anneaux est fait d'un alliage argent et indium. Ainsi réalisées, avec des matériaux différents selon les parties, les pièces résistent aux tests d'usure les plus poussés.

Ces roulements sont prévus pour la dernière expérience de collecteur de vent solaire, qui doit partir à bord d'Apollo 17. Le changement par rapport aux expériences précédentes est que la feuille d'aluminium sur laquelle se déposent les particules de vent solaire n'est pas enroulée manuellement par un astronaute, mais automatiquement à l'aide d'un chronographe qui donne les intervalles de temps auxquels chaque section de la feuille reste exposée. Grâce à ce mécanisme, le flux de vent solaire pourra être déterminé dans le temps. L'ensemble de l'équipement est soumis aux tests exigeants de la NASA (ultravide, rayonnement solaire, fortes vibrations), dont il ressort sans être détérioré. Malheureusement, pour plusieurs raisons, le collecteur de vent solaire automatique ne part pas à bord d'Apollo 17.

En revanche, d'après RMB, des roulements à billes standard, sans finitions spéciales pour résister à l'espace, ont été utilisés pour accrocher l'arbre du ventilateur dans le système de survie accroché aux dos des astronautes d'Apollo 11.

Projecteurs Eidophor

Une nouvelle fois, l'École polytechnique de Zurich fait parler d'elle dans la réussite du programme lunaire. C'est entre ses murs que l'un des professeurs, Fritz Fischer, a développé, dans les années 1940, une technique de projection qui fut ensuite perfectionnée pour un usage commercial par la société Gretag, à Regensdorf. Les projecteurs Eidophor, dont l'étymologie grecque signifie « porteur d'image », sont les premiers projecteurs d'image de télévision sur grand écran. La NASA en acquit 34 afin de suivre l'odyssée de ses astronautes vers la Lune, pour la somme de 20 millions CHF de l'époque, soit 60-70 millions CHF aujourd'hui. Grâce à cette technologie ultra-fiable, les scientifiques du centre de contrôle à Houston pouvaient voir en temps réel l'état des hommes et des équipements envoyés dans l'espace. L'entreprise a fait faillite en 2002, mais il reste des modèles des fameux Eidophor au musée de la communication de Berne.

Détecteurs de fumée

Après le terrible incendie d'Apollo 1, en 1967, la NASA a équipé le centre de contrôle de Houston de détecteurs de fumée. Elle choisit ceux de la société Cerberus, basée à Männerdorf. Cependant, la technologie a ensuite été abandonnée car elle utilisait des composants radioactifs.

Tamis en cuivre

Ces pièces ont été fournies par la société Aigle, installée à Losone, et utilisés pour la construction de catalyseurs.

Rubis et saphirs synthétiques

Fabriqués par l'Industrie des pierres scientifiques H. Djévahirdjian S.A. À Monthey, ils furent utilisés dans la construction de piles solaires ainsi que des fenêtres des capsules Apollo. L'extrême dureté du matériau avait pour rôle de protéger l'engin des impacts de météorites.

Système de navigation

La société Mikron AG, à Bienne, a produit des engrenages pour le système de navigation de la capsule. Mettler Instrumente AG, à Greifensee, a fabriqué des instruments de précision pour la NASA, et un « analyseur thermique » construit en Suisse était employé par les Américains pour contrôler le matériel. Par ailleurs, une balance de précision produite par Mettler a été utilisée afin de déterminer le poids exact de la nourriture lyophilisée des astronautes.

Retransmission télévisée

Des composants électroniques produits par la société d'armement Contraves ont été utilisés dans la fabrication des satellites qui ont retransmis les atterrissages sur la Lune.

Les professeurs de Wernher von Braun

Elle a vu passer dans ses salles de cours 21 prix Nobel, dont Albert Einstein, deux récipiendaires de la médaille Fields qui rend honneur à des mathématiciens d'exception, et deux architectes récompensés par le prix Pritzker. C'est donc peu dire que l'enseignement dispensé à l'École polytechnique fédérale de Zurich, fondée en 1855, est de qualité. À l'été 1931, le jeune Wernher von Braun, alors âgé de 19 ans, quitte l'université technique de Berlin pour passer l'examen d'entrée. Il montre déjà un vif intérêt pour l'astronomie et l'astronautique. Les notes qu'il obtient en physique, chimie, mathématiques et dessin sont excellentes, mais curieusement, il échoue piteusement à l'épreuve de géométrie dans l'espace. Accepté dans l'établissement d'excellence, il côtoie des professeurs dont l'enseignement sera marquant pour sa carrière.

◀ Pendant ses études, le futur père des fusées Saturn V, Wernher von Braun, a passé un semestre à l'EPFZ. Certains de ses professeurs lui ont laissé de fortes impressions. Source: © NASA.

Lors d'une interview à la radio suisse alémanique le 30 août 1971, il déclara même qu'à Zurich, il fut confronté pour la première fois de sa vie à la réalité de la technique.

Il se souvient de son professeur en aérodynamique, Jakob Ackeret (1898-1981), qu'il cite comme un des plus grands spécialistes mondiaux dans le domaine des constructeurs de canal aérodynamique. Ce fils d'un maître serrurier, passé lui-même par l'École polytechnique de Zurich, s'intéressait de près aux vols spatiaux et était l'un des membres fondateurs d'un aéroclub. Il partit en 1921 à Göttingen afin d'étudier l'aérodynamique appliquée à l'avion. De 1925 à 1926, il dirigea l'aménagement du futur Institut Max Planck pour la mécanique des fluides. Ce qui lui donna l'opportunité de faire des recherches plus poussées sur les problèmes rencontrés par les avions lorsqu'ils volent à de grandes vitesses.

Il revint en Suisse en 1927, et travailla dans un laboratoire zurichois sur des recherches en hydraulique. En 1928, il reçut une habilitation qui lui ouvrit les portes de l'École polytechnique de Zurich. Dans ce travail, il proposait de nommer « Mach », en l'honneur du physicien Ernst Mach (1838-1916), le rapport entre la vitesse d'écoulement d'un flux d'air sur un corps et la vitesse du son. Le terme s'imposa dans la littérature scientifique en 1932, soit 16 ans après la mort de son découvreur. Jakob Ackeret commença à enseigner l'année où arriva Wernher von Braun, en 1931. Il continua ses recherches en aérodynamique et mécanique des fluides jusqu'à son départ, en 1967.

Dans son interview à la radio, l'inventeur des fusées V2 et Saturn V se souvient également de son professeur bernois Jakob Eugster (1891-1972). Docteur en médecine, puis chercheur sur les effets biochimiques des radiations sur l'homme, il publia à New-York avec le prix Nobel de physique Viktor Franz Hess en 1949 un document sur les effets des radiations cosmiques sur le corps humain. Il pensait qu'il existait autour de la Terre une ceinture de protection contre ces rayons et en fit part à la communauté scientifique dans un article publié en 1954. Les effets des rayons cosmiques sur les futurs voyageurs spatiaux préoccupaient les scientifiques. Seules des mesures pouvaient apporter des indications plus précises. Ainsi, le premier satellite artificiel américain « Explorer 1 » lancé en janvier 1958 eut pour mission de détecter cette fameuse ceinture, que l'on ne nommera malheureusement pas du nom du savant suisse mais du nom du scientifique qui prouva par mesure avec son instrument embarqué son existence, d'où le nom « la ceinture de Van Allen ».

Wernher Von Braun se rappelle que Jakob Eugster avait prédit en premier que les astronautes verraient des flashs de lumières lorsque qu'une particule du rayonnement cosmique heurterait leur rétine dans l'espace. En effet, plusieurs astronautes, dont l'équipage de la mission Apollo 11 furent surpris de cette expérience, cette information n'étant pas parvenue jusqu'à eux. Buzz Aldrin fut le premier de son équipage à en parler après sa mission. Ses coéquipiers n'avaient pas eu le courage d'en faire part, par peur de ne pas être pris au sérieux et perdre leur licence de vol. Plus tard, une expérience sera organisée pour étudier ces flashs. Les astronautes de la mission Apollo 15 purent même, lors de leur vol, fermer les yeux une heure entière afin de les compter.

L'école polytechnique de Zürich n'a pas seulement participé en amont à l'aventure Apollo. Elle a également analysé des échantillons de poussières lunaires, de roches et même un petit tube d'une sonde automatique laissée sur la Lune.

Un physicien suisse à la NASA

Né en 1925, le Zurichois Fritz (Federico) Casal fit ses études à l'École polytechnique de sa ville. Après avoir commencé une carrière dans le secteur de l'armement, il s'installa en 1956 en Californie pour travailler au sein de l'entreprise Convair, qui souhaitait construire une fusée à deux étages destinée à la recherche. Il raconte lui-même comment il a participé à l'aventure Apollo.

« Le 15 mai 1961, le président Kennedy tint un discours devant le Congrès américain auquel il voulait demander de débloquer 7 milliards de dollars pour que l'homme aille sur la Lune. Cela lui fut accordé sous les applaudissements. Ainsi était né le programme Apollo.

Beaucoup d'entreprises répondirent aux appels d'offres lancés par la NASA pour le développement et la construction des nombreux composants nécessaires à ce projet ambitieux.

◀ Les missions lunaires n'étaient pas encore terminées que le physicien Fritz Casal, employé à la NASA, devait déjà réfléchir à la possibilité d'une mission habitée vers d'autres cieux, ceux de Mars. Source : © Lukas Viglietti.

Parmi elles se trouvait Convair, installée à San Diego, où je travaillais depuis 1956 en tant que chercheur sur les rayonnements naturels dans l'espace autour de la Terre. Mon employeur voulait utiliser mon expertise afin de construire un module lunaire capable de protéger les astronautes des rayonnements mortels émis lors des éruptions solaires.

Il ne fut pas facile de le convaincre de l'impossibilité de mener à bien ce projet. Je conseillai cependant – ce que la NASA fit par la suite – d'observer intensément la météo solaire et de n'envoyer aucune mission vers la Lune pendant les périodes de grande activité solaire. Je retournai à mes recherches sur les fusées et les ballons atmosphériques.

Au début de l'année 1963, je reçu un coup de téléphone inattendu d'un chasseur de têtes qui me demandait si un poste de responsable au sein du programme Apollo m'intéressait. Je ne pus résister à cette offre, et ce serait un trop long récit que d'expliquer comment ma femme, nos enfants, mon chien et mon chat accueillirent la nouvelle, ainsi que de raconter la pénible vente de notre maison. Mais ainsi commença mon travail à l'Office of Manned Space Flight (OMSF, bureau des vols spatiaux habités) à Washington.

Le groupe dont j'étais responsable avait pour tâche de rassembler des informations à propos des micrométéorites et des rayonnements ionisants émis lors des éruptions solaires, qui sont une menace potentielle pour les astronautes. Les nombreux vols que j'effectuai entre les 15 centres de la NASA aux États-Unis me firent entrer en quelques mois dans le club des 100 000 miles. En peu de temps, je rencontrai des spécialistes intéressants et découvris des solutions techniques géniales à des problèmes difficiles.

Au cours d'un voyage à Houston, j'appris que plusieurs essais seraient effectués avant le premier vol vers la Lune, et que l'atmosphère dans ces capsules serait identique à celle du vol, c'est-à-dire 100 % d'oxygène avec une pression totale de 0,2 bars. J'expliquai à mes collègues que dans de telles conditions, tous les matériaux imaginables pouvaient s'embraser comme un feu d'artifice et qu'il serait vain d'essayer d'éteindre l'incendie. Mes deux collègues, qui avaient déjà une certaine expérience avec la bureaucratie de la NASA, me dissuadèrent d'avertir le centre d'entraînement des astronautes. Je décidai de ne pas risquer le poste auquel j'avais commencé quelques jours auparavant et ne fis aucune démarche officielle pour expliquer la situation.

Quatre ans plus tard, le 27 janvier 1967, à 18 h 31 heure locale, un des trois astronautes d'Apollo 1 dit "Il y a le feu à bord". Cinq minutes plus tard, ils étaient morts. Aurais-je pu changer le cours des choses ? Je ne le saurai jamais. Dans les annales de l'OMSF, j'ai lu que Robert R. Gilruth, lors de la conception de la capsule en 1963, avait déjà mentionné les dangers d'un environnement riche en oxygène. Je ne sais pas pourquoi ses avertissements n'ont pas été pris en compte.

Il y eut cependant des moments positifs, notamment le choix de la première expérience qui serait conduite par les hommes à la surface de la Lune. L'homme en charge de la sécurité des astronautes pendant leur séjour sur notre satellite prenait sa tâche très au sérieux. Chaque semaine, au cours des réunions de direction, il répétait qu'il n'autoriserait aucune expérience, aussi simple et inoffensive soit-elle, car Kennedy avait affirmé que les voyageurs lunaires reviendraient sur Terre en toute sécurité. Je lui expliquai que les scientifiques du monde entier ne comprendraient pas la raison d'une telle mission si l'on ne saisissait pas l'occasion pour faire de la science. Après la réunion, John Disher, le directeur de l'OMSF, vint me voir et me donna la mission de faire changer Houston d'avis. Je compris rapidement que le président ne voyait aucun intérêt dans la recherche fondamentale. Heureusement, j'avais appris qu'il était canadien, avait une expérience à l'étranger, et qu'il serait attentif à toute proposition de donner un prestige international au programme Apollo. J'espérais pouvoir le convaincre que l'enthousiasme soulevé par le projet retomberait dans le monde entier si les astronautes devaient répondre à la question "Qu'avez-vous fait sur la Lune ?" par "Rien". Je lui dis même qu'Apollo resterait dans l'histoire de la NASA comme un poisson d'avril. Il réfléchit quelques secondes et me demanda si j'étais capable de proposer des expériences qui ne comportaient aucun risque. "Non, pas du tout, il faut demander aux responsables de la sécurité et aux chercheurs d'y réfléchir". Lors de la réunion suivante, la NASA mit en place un comité de sélection dont la tâche était de choisir des expériences peu risquées. Ainsi arriva le collecteur de vent solaire du professeur Johannes Geiss, que je ne rencontrerai que bien des années plus tard. Sans le savoir, un ingénieur suisse avait aidé une université suisse à "aller sur la Lune".

Bientôt, je compris que l'OMSF devait être restructuré, et que quelques mois après mon embauche, j'allais me retrouver sans travail. Mon chef me proposa de m'aider pour la recherche d'un nouveau poste. Je le remerciai et lui annonçai que j'avais retrouvé un emploi au sein de l'OMSF. Je devins donc responsable d'un groupe de quatre spécialistes nommé *Manned Planetary Mission Studies* (Études des missions planétaires habitées). Nous étions libres de choisir les sujets sur lesquels nous travaillions, mais devions souvent faire des conférences au pied levé pour des commissions du Congrès et le Comité de conseil scientifique du président (President's Scientific Advisory Commitee, PSAC). Au cœur de notre travail se trouvait l'idée que la NASA, après la fin du programme Apollo, devait envoyer des chercheurs à la surface de la planète Mars. Le premier atterrissage était prévu, pour des raisons politiques, en 1975, ce qui, en 1963, n'était envisageable que pour les optimistes.

Or, au printemps 1965, un matin – cela devait être vers 9 heures –, on me demanda de présenter à 15 heures à la commission pour les vols spatiaux un graphique contenant les coûts d'un vol habité jusqu'à la surface de Mars. Je ne réussis pas à convaincre mon chef qu'il ne serait pas possible de donner des chiffres réalistes. Je bricolai donc en quelques heures et sans bonne conscience un beau diagramme en couleurs. Par mesure de précaution, j'évitai de donner des noms et ne donnai aucune estimation précise sur les feuilles que je distribuai. Je demandai ensuite que l'on me les restitue, au prétexte que je souhaitais les remettre à d'autres organismes gouvernementaux. Le soir, j'emportai ces feuilles à la maison et les détruisis intégralement.

Quelque temps plus tard, le directeur d'un département du Bureau de recherches avancées en technologie (Office of Advanced Research and Technology, OART), vint me trouver et me dis : “Tu es ingénieur, et je vois que tu n'es pas heureux au milieu des hommes politiques. Washington n'est pas pour toi. Viens dans mon grand groupe, où tu pourras véritablement faire de la recherche.” De fait, je retournai, avec ma famille et mon chien, sur la côte ouest. Je passai alors six ans en tant que directeur adjoint pour des systèmes de propulsion pour l'exploration de l'espace lointain au laboratoire de recherche Ames, dans un environnement de recherche idéal. »

NASA
SCHIRRA
VII
SCHIRRA • EISELE • CUNNINGHAM

Du Tessin à Apollo 7

Le val Onsernone, dans le Tessin, ne pouvait pas retenir tous les hommes entre ses flancs escarpés, aujourd'hui couverts d'une épaisse forêt. À la fin du 19e siècle, certains partirent chercher une vie meilleure au-delà de leurs montagnes, parfois de l'autre côté de l'océan. Giovanni Schirra faisait partie de ceux-là. En 1868, il embarqua avec ses trois frères et ses deux sœurs pour les États-Unis. Hasard ou destin, le jeune Suisse rencontra sur sa terre d'accueil Anna Schindler, une compatriote venue, comme lui, trouver une nouvelle vie.

Leur fils, Walter, naquit à Philadelphie. Il devint pilote militaire après des études à l'université de Columbia, s'entraîna au sein de l'armée de l'air canadienne et fut appelé pour combattre l'Empire allemand en 1918. Avant de partir pour le front, il épousa une jeune étudiante new-yorkaise, Florence Shillito Leach.

◀ À moitié suisse, le commandant Walter Schirra aurait bien voulu acquérir la nationalité de son grand-père. Mais malgré la longueur de la route menant vers son Tessin d'origine, il ne séjourna pas assez longtemps dans le pays pour faire valoir son droit. Source : © NASA.

Un peu plus de trois décennies plus tard, son fils, Walter, dit Wally Schirra, né en 1923, part à son tour faire la guerre aérienne. L'ennemi est encore plus loin, en Corée. Il exécute 90 missions, bombarde à basse altitude et fait même tomber un avion russe. Il a la passion de voler dans le sang. Dès l'âge de 13 ans, lui qui a regardé ses parents faire des spectacles aériens, son père aux commandes, sa mère en équilibre sur une aile de l'avion, pilote un appareil pour la première fois. Il fait ensuite des études d'astronautique dans une université technique du New Jersey, puis est accepté dans la marine. Comme son père, il se marie avant de partir en mission de longue durée. Après deux ans passés sur des navires dans le Pacifique, il revient en Floride et obtient son brevet de pilote militaire en 1948.

Devenu pilote d'essai, il est envoyé à Washington pour assister à une conférence sur le programme Mercury. Comme il le raconte à Ed Buckbee, auteur de *The real Space Cowboys* (Les vrais cowboys de l'espace), il n'avait pas particulièrement l'intention d'y participer. Surtout après avoir entendu parler des sensations ressenties lorsqu'on est placé dans une capsule au sommet d'une fusée. Alors qu'il s'apprête à sortir de la salle de conférence, il entend: « Ne vous en faites pas, nous allons d'abord envoyer un chimpanzé dans l'espace ! »

Le 9 avril 1959, il fait partie des sept astronautes sélectionnés pour le programme Mercury. Malgré la découverte par les médecins d'un polype sur le larynx, il parvient à passer tous les tests, se fait opérer et suit un traitement de choc grâce auquel il demeure parmi les sept membres des futurs équipages. Trois ans plus tard, il est aux commandes de la capsule Sigma 7, qui fait six fois le tour de la terre au cours d'une mission d'une durée de neuf heures. Son objectif est de montrer qu'un astronaute est capable de piloter parfaitement un engin spatial sans être aiguillé en permanence par le centre de contrôle. Le succès l'attend au retour: il reste suffisamment de carburant et d'électricité pour des voyages plus complexes et plus lointains.

S'ensuit le programme Gemini. Le 12 décembre 1965, Walter Schirra et son collègue Thomas Stattford sont prêts pour le lancement de Gemini 6. Un propulseur de la fusée Titan 2 s'allume puis s'éteint deux secondes plus tard. Les deux astronautes choisissent de rester à l'intérieur de l'appareil qui, d'après les techniciens, ne subira pas les dommages d'une explosion. Après l'incident, ils se préparent pour le nouveau départ, qui a lieu trois jours plus tard. L'objectif de ce vol est de retrouver en orbite la capsule de Gemini 7, avec à son bord les astronautes Frank Borman et James Lovell, Jr. La mission est réussie. Après environ 26 heures à bord du vaisseau, durant lesquelles il fait 16 fois le tour de la Terre, les astronautes reviennent sur Terre, ou plutôt, sont récupérés dans l'océan Atlantique où Gemini 6 est tombé.

En janvier 1967, Walter Schirra est la doublure de Virgil « Gus » Grissom et se retrouve témoin du terrible accident qui ôte la vie aux trois membres d'équipage d'Apollo 1. Pourtant, il ne renonce pas, et part le 11 octobre 1968 en tant que commandant d'Apollo 7 avec Donn Eisele et Walter Cunningham. C'est la première fois que des images prises à bord d'un vaisseau spatial sont retransmises à la télévision. En 163 orbites effectuées en un peu plus de 10 jours autour de la Terre, les astronautes réussissent les objectifs qu'on leur a assignés. Les tests du nouveau système de pilotage, modifié après Apollo 1, ont été concluants. Le souvenir marquant d'Apollo 7 est ce rhume attrapé par Walter Schiarra, qui contamine ensuite ses deux collègues. Or en apesanteur, il est compliqué de se moucher, car le mucus ne descend pas. Il faut donc souffler très fort, ce qui n'est pas sans risque pour les tympans. Mais grâce à un décongestionnant embarqué dans leur trousse à pharmacie, les trois hommes reviennent sur Terre sans blessure auditive.

En 1969, il quitte la NASA et prends des postes à responsabilité dans le privé, non sans avoir commenté toutes les missions lunaires sur la chaîne de télévision CBS News. En 1984, avec ses collègues de Mercury et la veuve de Virgil Grissom, il crée la fondation Mercury Seven qui délivre des bourses à des étudiants en science et en ingénierie. Installé en Californie, il meurt en 2007.

Ses origines suisses semblaient être toujours présentes à son esprit, lui qui l'était à moitié par son père. Dans les années 1970, il annonce vouloir acquérir la nationalité suisse. Mais l'administration reste intransigeante : il doit passer sept ans dans le pays afin de recevoir sa citoyenneté helvétique. En compensation, il reçoit la citoyenneté d'honneur de la commune de Loco le 5 mai 1976. À cette occasion, il est accompagné par Marco Blaser, ancien directeur de la télévision suisse italienne, qui officie aussi en tant qu'interprète. Walter Schirra, qui avait un sens de l'humour acéré, lui lance cette phrase culte : « Un vol dans l'Espace n'est rien en comparaison au chemin qui nous emmène à Loco. »

J. SWIGERT
UNITED STATES

Des gènes bernois à bord d'Apollo 13

Que se passe-t-il dans la tête de Ken Mattingly lorsqu'il apprend qu'un réservoir d'oxygène avait explosé dans le module de service d'Apollo 13 ? C'est lui qui aurait dû se trouver dans une situation critique, à quelque 320 000 km de la Terre, sans certitude de pouvoir revenir vivant. Quelques jours avant le départ, des tests médicaux l'en ont empêché. Il a été en contact avec le virus de la rougeole et n'est pas immunisé contre la maladie. Sa doublure a alors été appelée pour le remplacer au pied levé. Jack Swigert, né en 1931 à Denver, dans le Colorado, est un pilote de l'armée de l'air qui a été au combat au Japon et en Corée entre 1953 et 1956. Son nom de famille révèle des origines suisses : l'un de ses ancêtres s'appelait Zwygart, et habitait à Krauchthal, Burgdorf (BE). Arrivé aux États-Unis pour y trouver un autre destin, il changea son nom en Swigert, plus facile à prononcer.

◀ Jack Swigert, dont les ancêtres ont émigré du canton de Bern vers les États-Unis, faisait partie de l'équipage d'Apollo 13. La mission ne parvint pas au but, mais l'équipage revint sur Terre sain et sauf. Source : © NASA.

Son descendant, Jack Swigert, tenta sa chance et devint l'un des 19 astronautes sélectionnés par la NASA en 1966. Fred Haise, son futur compagnon de fortune, faisait également partie de ce groupe. Le 11 avril 1970, ils décollent avec leur commandant, Jim Lovell, dans le but d'aller explorer la zone de montagnes lunaires Fra Mauro. Les épouses de Fred Haise et Jim Lovell sont présentes lors du lancement. Fait rare parmi les astronautes, Jack Swigert n'est pas marié et ses collègues sourient en évoquant sa réputation d'homme à femmes.

Alors qu'ils ont déjà quitté l'orbite terrestre. Jack Swigert se rend compte qu'il a un problème : avec ce départ précipité, il a oublié de remplir sa déclaration d'impôts. Il demande si un report est possible, ce à quoi le directeur du vol Glynn Lunney lui répond que les citoyens américains qui se trouvent en dehors du pays ont 60 jours supplémentaires pour remplir leur déclaration. Et cela s'applique aussi quand on a quitté la Terre.

Après trois jours de voyage, une explosion secoue le vaisseau spatial. L'annonce de la nouvelle est devenue une phrase culte : « Houston, je crois que nous avons eu un problème », dit Jim Lovell. Au centre de contrôle, on propose rapidement une solution. Il faut quitter le module de commande pour se réfugier dans le module lunaire. C'est le seul moyen d'avoir suffisamment d'oxygène pour retourner sur Terre. Le problème conséquent est qu'en respirant, les astronautes dégagent du dioxyde de carbone, et qu'un taux trop élevé risque de les empoisonner si l'air du module n'est pas évacué. À Houston, les équipages des futures missions Apollo et les doublures sont mis à contribution afin de trouver une solution faite à partir d'éléments à disposition des trois naufragés. Les ingénieurs au sol parviennent à trouver une idée pour connecter le filtre de gaz carbonique du module de commande au système de tuyauterie du module lunaire et ainsi augmenter les quantités d'air recyclé. Le dispositif fonctionne et le mode d'emploi est transmis aux astronautes.

Reste à renvoyer l'engin sur Terre. Les astronautes doivent continuer leur vol en passant derrière la Lune afin de se faire propulser par sa gravité. À environ 250 km au-dessus d'elle, ils admirent au passage cette surface qu'ils ne fouleront pas. Pendant près d'une demi-heure, le temps qu'il faut pour contourner le satellite, le contact avec la Terre est coupé. Lorsqu'il reprend, les trois astronautes vont enfin entamer le chemin du retour. C'est le moment où il faut mettre le moteur du module lunaire à feu pendant un laps de temps très précis. Jack Swigert, avec son Omega Speemaster, est chargé du décompte. Quatorze secondes cruciales vécues comme une éternité, qui maintiennent des milliers de spectateurs terriens en haleine. Le soulagement est immense lorsque le vaisseau est parvenu à s'orienter correctement.

Une fois lancés vers la Terre, les astronautes doivent encore économiser l'électricité au maximum. Le chauffage est coupé, aussi se retrouvent-ils dans un espace très froid, où la nourriture est parfois durcie par le gel. L'eau est fortement rationnée. Fred Haise sent que l'un de ses reins répond mal à ce traitement sévère. Le 17 avril, soit six jours après le décollage, la capsule se détache du module de service et plonge dans l'atmosphère. L'équipage exténué est récupéré dans le Pacifique. Pour la NASA, la mission est un échec, malgré tout couronné de succès : Apollo 13 n'est pas allé à la surface de la Lune, mais ses astronautes sont revenus vivants après un accident qui aurait pu avoir des conséquences dramatiques.

Trois ans plus tard, Jack Swigert prend congé de la NASA afin de présider le Comité pour la science et la technologie au Congrès américain. En 1977, il quitte définitivement l'agence spatiale et s'engage en politique. Il rejoint les conseils d'administration de plusieurs entreprises avant d'être élu au Congrès en 1982, dans le camp des Républicains. Mais quelques jours avant de prendre ses fonctions, il est emporté à 51 ans par un cancer pour lequel il était soigné depuis plusieurs mois.

Quant à Ken Mattingly, il eut une seconde chance qui l'emmena pour de bon vers la Lune, en tant que pilote du module de commante à bord d'Apollo 16.

Apollo 17 : le pilote et la science

Si le goût de l'aventure était héréditaire, il faudrait chercher du côté de la Suisse pour expliquer le parcours de Joe Engle. L'astronaute américain descend d'une famille originaire de l'Emmental, dont la plus ancienne lignée est établie au 17e siècle. Parmi les Engle, certains étaient anabaptistes. Ce courant chrétien minoritaire, qui, entre autres, prône le baptême des adultes et non celui des enfants, a longtemps été persécuté dans le pays. Discriminés, martyrisés, expropriés, ils furent contraints, pour la plupart, de trouver d'autres terres plus ou moins accueillantes, plus ou moins isolées. Ils partirent pour le Jura, le Palatinat (Allemagne), l'Alsace, ou encore l'Amérique du Nord.

Ulrich Engel choisit cette dernière destination. En 1754, il embarqua sa femme, ses huit enfants et deux amis sur un bateau qui

◀ L'astronaute Joe Engle, dont les ancêtres étaient originaires d'Emmental, était parfaitement entraîné pour prendre part à une mission Apollo. Les circonstances en décidèrent autrement. Source : ©NASA.

descendit le Rhin pour gagner Rotterdam. Une fois en Hollande, ils montèrent avec quelque 300 autres passagers sur un de ces navires qui faisaient régulièrement le voyage d'une côte à l'autre. La mer était bonne et ils mirent deux mois pour atteindre Philadelphie. Là, une colonie anglaise avait été fondée, et les anabaptistes purent acheter des terres et les cultiver. Dans une lettre envoyée aux membres de sa famille restés en Suisse, Ulrich Engel décrivit la vie heureuse qu'ils menaient outre-Atlantique.

Deux siècles plus tard, c'est à son descendant de se préparer pour un long voyage que peu ont fait. Sélectionné en avril 1966 avec 18 autres astronautes, Joseph Henry Engle est un passionné d'aviation depuis l'enfance. Après une formation de pilote d'essai, il est affecté par l'armée de l'air au programme X-15 de la NASA. Cet avion fusée hypersonique expérimental fait partie de la stratégie de la course à l'espace contre l'Union soviétique. L'objectif est d'étudier tous les aspects d'un vol hypersonique, dont le record de vitesse est Mach 6,7, soit plus de 8000 km/h. Le X-15 est capable de monter à plus de 80 km d'altitude. Comme Neil Armstrong, Joe Engle est choisi afin de piloter cet appareil d'exception.

Il effectue 16 vols, dont trois au-dessus de 80 km d'altitude, ce qui, selon les critères américains, est la porte d'entrée de l'espace. Cet exploit fait de lui un astronaute « inofficiel », et favorise sa sélection en 1966 pour Apollo.

Au sein du programme Apollo, il fait d'abord partie d'une équipe chargée de la conception d'un rover lunaire, puis est intégré dans le groupe dédié au soutien en vol d'Apollo 10, dont il est l'un des « capcoms », c'est-à-dire une des personnes autorisées à communiquer directement avec l'équipage parti dans l'espace. Pour Apollo 14, il est la doublure du pilote du module lunaire Edgar Mitchell. « Il y avait une rivalité enjouée entre l'équipage et les doublures », se souvient-il dans une longue interview faite en 2004 par la NASA. « Chaque fois que nous le pouvions, nous leur rappelions que nous étions aussi entraînés, et prêts à partir. Il suffisait que l'un d'entre eux ait le hoquet, trébuche ou se retrouve avec une ampoule au pied, ce serait notre tour. En fait, on essayait de les encourager. On voulait leur acheter des coupons pour faire du ski, ou du parachute, des trucs plutôt risqués que nous n'avions même pas le droit de faire, juste pour leur dire que nous étions prêts à nous envoler ».

En fait, Joe Engle sait que son tour viendra, car il fait d'ores et déjà partie de l'équipage d'Apollo 17. Mais quelque temps avant le lancement d'Apollo 14, la nouvelle tombe : Apollo 17 sera la dernière mission lunaire. Apollo 18, 19 et 20 sont annulées pour des raisons budgétaires. Or des scientifiques avaient réussi à faire entrer parmi les pilotes professionnels un géologue, Harrison Schmitt, dit Jack Schmitt, dans l'équipage d'Apollo 18. Ils souhaitaient donc que leur candidat parte avec Apollo 17. « La géologie, c'était la raison d'être des missions lunaires, convient Joe Engle. Il était donc tout à fait légitime de faire cette proposition et de voir si Jack pouvait être prêt pour cette mission. »

La déception qui suit l'annonce de l'arrêt du programme est grande, non seulement pour lui, car il ne pourra plus partir sur la Lune après avoir été remplacé par Harrison Schmidt, mais aussi pour tous les astronautes, d'autant que l'utilisation du rover à la surface de la Lune apportait des promesses d'exploration approfondies. Le pilote du Kansas se tourne alors vers les nouveaux projets de la NASA : Skylab, Apollo-Soyouz et la navette spatiale. En 1977, il effectue différents vols d'essais atmosphériques à bord de la navette spatiale Enterprise. Puis il devient commandant de bord pour deux vols orbitaux, le deuxième de la navette Columbia en 1981, et le sixième de Discovery en 1985.

Sa carrière ne lui a pas fait oublier ses origines, aussi anciennes soient-elles. En leur hommage, il a laissé à Röthenbach, en Emmental, une photo de Discovery annotée ainsi : « Aux habitants de Röthenbach, j'espère que je reviendrai beaucoup, beaucoup de fois dans le village où se trouvent mes racines. Mais je fais la promesse que je n'essaierai pas d'atterrir avec la navette spatiale sur la place du village ! Bon vol ! Joe Engle, commandant de la navette spatiale ».